Armin Täubn

WINTER-REIGEN

Bandornamente aus Tonpapier

frechverlag

Von Armin Täubner sind im frechverlag weitere weihnachtliche Bücher erschienen. Hier eine Auswahl:

TOPP 2368

TOPP 2373

TOPP 2370

TOPP 2108

5005

TOPP 2113

Fotos: frechverlag GmbH + Co. Druck KG, 70499 Stuttgart;
Fotostudio Täubner

Dieses Buch enthält:
1 Vorlagenbogen

Auflage: 5. 4. 3. | Letzte Zahlen
Jahr: 2002 2001 2000 1999 98 | maßgebend

frechverlag GmbH + Co. Druck KG, 70499 Stuttgart

ISBN 3-7724-2369-8 · Best.-Nr. 2369

Druck: frechverlag GmbH + Co. Druck KG, 70499 Stuttgart

Winterreigen – das sind sowohl fröhliche als auch stimmungsvolle Bandornamente mit allerlei winterlichen Motiven aus Tonpapier. Einige von ihnen präsentieren sich in Schneeweiß, manche werden mit farbigen Elementen verziert, und wieder andere kommen in den schönsten Weihnachtsfarben daher.
Den ganzen Winter über können Sie Ihre Fenster zum Beispiel mit Tieren im Winterwald, lustigen Schneemännern, Vögeln, Pinguinen oder verschneiten Häusern dekorieren.
Und mit schönen Girlanden, Bändern mit Sternen und Kerzen oder geschmückten Weihnachtsbäumen kommt festliche Stimmung auf.
Schließen auch Sie sich dem zauberhaften Winterreigen an!

Schritt-für-Schritt-Anleitung

1.

Übertragen Sie sämtliche Teile des ausgewählten Motivs nebeneinander mit Bleistift auf Transparentpapier. Kleben Sie das Transparentpapier auf einen dünnen Karton. Schneiden Sie die Teile exakt aus. Das sind Ihre Schablonen. In der Regel benötigen Sie eine Schablone des Bandornamentes sowie eine oder mehrere Schablonen von den später aufgeklebten Zierteilen.

Legen Sie die Schablone des Bandornamentes bündig an die rechte Außenkante eines Tonpapierstreifens in der gewünschten Farbe. Nun ziehen Sie die Kontur mit Bleistift bzw. einem weißen Farbstift nach. Bei den Zierteilen legen Sie die Schablone so auf den Tonpapierstreifen, daß rings um die Schablone noch etwas Platz ist, bevor der Umriß nachgezogen wird.

2.

Beginnen Sie mit dem Falten des Bandornamentes. Der Papierstreifen wird ziehharmonikaartig aufgefaltet. Orientieren Sie sich beim Falten zuerst an der Unterkante, d.h. nach allen Faltungen sollten die Unterkanten noch genau übereinander liegen.

Die Papierstreifen mit den Zierteilen werden ebenfalls im Zickzack gefaltet. Hier kommt es jedoch nicht auf exaktes Falten an.

Schritt-für-Schritt-Anleitung

3.

Damit beim Ausschneiden nichts verrutscht, klammern Sie den gefalteten Papierstreifen mehrfach außerhalb des Motivs zusammen.

4.

Je weniger oft der Papierstreifen gefaltet ist, desto einfacher ist das Ausschneiden. Beginnen Sie also am besten mit wenigen Faltungen. Zum Ausschneiden wurde überwiegend der Cutter verwendet. Achten Sie auf eine geeignete Schneideunterlage.

5.

Abschließend entfalten Sie das Bandornament und bekleben es mit den Zierteilen.

Bunte Häuser im Schnee

Verschneites Dorf

Das Bandornament mit Tannenbäumen finden Sie auf Seite 8.

Fuchs und Reh im Schnee

Im Winterwald

Girlanden mit brennenden Kerzen

Weihnachtsgirlanden mit Schleifen

Weihnachtsbäume

Familie Schneemann

Rücken an Rücken

Winterfreuden

Diese Bänder werden vor dem Ausschneiden nicht gefaltet.
Die Zaun- und Tannenschablonen werden entweder dicht aneinander oder mit etwas Abstand dazwischen auf einen weißen Tonpapierstreifen gelegt.
Berücksichtigen Sie dabei auch ein leichtes Gefälle.
Ziehen Sie die Konturen der Schablonen mit Bleistift nach.
Die Zwischenräume werden mit einem leicht gewellten Bleistiftstrich verbunden.
Anschließend schneiden Sie die Winterlandschaft aus.

Weihnachtsmänner im Winterwald

Der untere Rand des Tannenornamentes kann noch mit einem 2 cm breiten, weißen Tonpapierstreifen beklebt werden.
Die Weihnachtsmänner werden mit oder ohne Schlitten bzw. Stock auf dem Bandornament angeordnet.

Elche am laufenden Band

Sternbänder

Brennende Kerzen und Sterne

Pinguine

Hungrige Vögel im Schnee

Nikolausstiefel und Girlande

Rodelfreuden

Wenn die Tannen aufgeklappt werden sollen, werden aus der Schablone die Tannenhälften vollständig herausgeschnitten. Die Konturen der Tannenhälften übertragen Sie auf den Papierstreifen. Schneiden Sie nur die durchgezogenen Linien nach. Die Strich-Punkt-Linien werden leicht angeritzt, damit die Tannen aufgeklappt werden können.

Auf der Rodelbahn

Schneeglöckchen

Tiere im Schnee

Adventsgirlanden in Rot und Gelb

Adventsdekoration

Schlittschuhbänder

Zur Dekoration wurden hier schwarze bzw. weiße Klebepunkte (ø 8 mm) verwendet.